Bibliografische Information der Deutschen Nationalbibliothek:

Die Deutsche Bibliothek verzeichnet diese Publikation in der Deutschen National-
bibliografie; detaillierte bibliografische Daten sind im Internet über http://dnb.d-
nb.de/ abrufbar.

Impressum:

Copyright © 2006 GRIN Verlag, Open Publishing GmbH
Druck und Bindung: Books on Demand GmbH, Norderstedt Germany
ISBN: 978-3-640-86853-7

Dieses Buch bei GRIN:

http://www.grin.com/de/e-book/168704/steinreiches-oberschwaben-wirtschaftliche-
und-oekologische-betrachtung

Felix Magg

Steinreiches Oberschwaben. Wirtschaftliche und ökologische Betrachtung des Kiesabbaus

GRIN Verlag

Steinreiches Oberschwaben

Wirtschaftliche und ökologische Betrachtung des Kiesabbaus

Hausarbeit

Hugo-Eckener-Schule, Wirtschaftsgymnasium
Wirtschaftsgeographie
Felix Magg
12 e
18.12.2006

Inhaltsverzeichnis

Abbildungsverzeichnis

1 Entstehung von Kies

Warum haben wir in Oberschwaben reiche Kiesvorkommen?

In vielen Millionen von Jahren wurden Gesteine in den Alpen durch Verwitterung und Erosion freigelegt. Gletscher, die sich in den vergangenen Eiszeiten bildeten, brachten diese kantigen Gesteine und Gerölle aus den Alpen talabwärts in unser heutiges Oberschwaben. Sie befanden sich oben auf dem Eis, an den Seiten, am Grunde und eingefroren im Eis. Der Gletscher schob, mit seiner gewaltigen Kraft, einen ganzen Wall von Gesteinen, die man Moränen nennt, vor sich her. Auf dem Weg wurde das Gestein zerkleinert und immer mehr abgerundet. Es entstand Kies. Dieser Prozess dauerte jedoch viele tausend Jahre, denn so ein Gletscher nimmt pro Jahr höchstens 50 m an Größe zu.

Als es wieder wärmer wurde, und die Gletscher schmolzen, blieb der Kies zurück. Er wurde durch das fließende Schmelzwasser noch einmal abgerundet und auch sortiert. Diese Sortierung funktioniert folgendermaßen: Wenn das Wasser anfängt langsamer zu fließen lagert sich der schwere Kies ab und der leichtere wird weiter mit getrieben. Auch heute werden noch Gesteine durch das Schmelzwasser des Rheins nach Oberschwaben in den Bodensee gebracht und lagern sich dort ab.

Die Gletscher formten und gestalteten auch die Landschaft unseres heutigen Oberschwabens völlig um. Die Moränen blieben beim Rückgang des Gletschers liegen und bildeten „geschwungene Hügelketten"[1], die das Schmelzwasser stauten und die Gegend in ein Sumpf- und Moorgebiet verwandelten. Riesengroße Eisbrocken, die der Gletscher verloren hat, lagen herum und wurden mit Schutt bedeckt. Es dauerte Jahrhunderte bis sie schmolzen, weil sie so groß waren und der Schutt gegen Wärme isolierte. Nachdem sie dann schmolzen, blieben „wassergefüllte Vertiefungen"[2] im Boden zurück. Gewaltige Gesteinsbrocken, welche der Gletscher aus den Alpen herausgerissen und mittransportiert hat blieben liegen. Diese nennt man Findlinge. Außerdem entstanden Hügel. Diese hat der Gletscher gebildet indem er Gerölle und Geschiebe zusammenschob. Im Verlauf der nächsten tausend Jahre wurde es immer wärmer und eine grüne Wald- und Wiesenlandschaft entstand.

Ungefähr fünfmal wechselten sich die Eis- und Warmzeiten in den vergangenen Jahrtausenden ab.

---

[1] Dr. Andreas und Heidi Megerle; Meine Reise mit dem Gletscher; in Feuer Eis und Wasser; S. 15
[2] Ebenda

2 *Bodennutzung und Abbau*

Deutschland verfügt über viele Kieslagerstätten. Die Vorräte könnten bei gleich bleibendem Verbrauch über 600 Jahre reichen. In den Kieswerken in Radolfzell und Steißlingen ist der Kiesabbau für die nächsten 30 Jahre, in Reiselfingen für die nächsten 40 Jahre möglich. Jedoch stehen nur ein Drittel der Vorkommen irgendwann zum Abbau zur Verfügung. Die restlichen zwei Drittel können nicht abgebaut werden, da Siedlungsausdehnungen, Verkehrsausbau, Vorgaben zum Grundwasser- und Landschaftsschutzes dem entgegenstehen.

1 % der Fläche der Bundesrepublik stehen für den Abbau von Kies und Sand zur Verfügung. Laut Berechnungen der Bundesanstalt für Geowissenschaften und Rohstoffe, wird im Moment auf 0,004 % der Fläche abgebaut. Dies entspricht 13,87 km². Zum Vergleich: 83,5 % werden land- und forstwirtschaftlich genutzt, 12 % sind Wohn-, Gewerbe- und Verkehrsflächen.

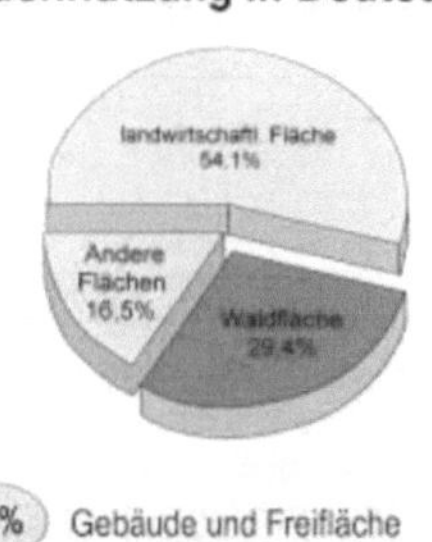

Abbildung 1: Bodennutzung in Deutschland[3]

Nur in bestimmten Gebieten kann wegen den Ereignissen in der geologischen Vergangenheit Kies und Sand gewonnen werden. Entlang der großen Flüsse und den Nebenflüssen mit ihren von der Eiszeit geprägten Flusstälern, wie zum Beispiel Rhein, Main, Donau, Weser, Elbe, Oder, aber auch im norddeutschen Tiefland und südlich der Donau gibt es hochwertige Kies- und Sandvorkommen. Bei uns in Oberschwaben gibt es beispielsweise in Amtzell, Tettnang, Steißlingen, Radolfzell und Reiselfingen Kieswerke.

---

[3] Enthalten in: www.bks-info.de (06.12.06)

Früher kam der Kies noch aus dem Bodensee. In Langenargen hat man zu beiden Seiten der Argenmündung verschiedene Arten von Kies gewonnen, die per Schiff in die Schweiz exportiert wurden. Heute wird ausschließlich an Land abgebaut.

Nachdem Bäume, die möglicherweise im Weg stehen, abgeholzt werden, beginnt man mit der Abtragung des Oberbodens, der zur späteren Rekultivierung zwischengelagert wird. Anschließend lösen große Bagger und Radlader das Material von der Abbauwand und kippen es auf Förderbänder oder Lkws, die zum Kieswerk fahren. Dort wird der Kies aufbereitet. Er wird gewaschen, in einzelne Korngrößen sortiert und danach gelagert. Überschüssige oder zu große Steine werden mit Brechern und Mühlen zu Brechsand und Splitt zerkleinert und wie der Kies gewaschen, sortiert und gelagert.

Abbildung 2: Kiesabbau[4]

---

[4] Enthalten in: www.brielmaier-kieswerk.de/resources/sites/kieswerk.html (27.11.06)

3 Wirtschaftliche Betrachtung des Kiesabbaus

Wenn man jemanden nach einem wichtigen Rohstoff fragt, lautet die Antwort meistens Kohle, Erdöl, Erdgas oder Eisen. Nur selten hört man als Antwort Steine, Kies oder Sand. Jedoch ist Kies „neben Sand der wichtigste Massenrohstoff.“[5] Hoch- und Tiefbau sind ohne diesen Rohstoff nicht möglich.

3.1 Zahlen und Daten

Zur Verdeutlichung wie wichtig der Rohstoff Kies ist, ein paar Zahlen und Daten:

Deutschland hat einen sehr hohen Bedarf an Kies und Sand. Im Jahre 2005 betrug der Bedarf etwa 300 Millionen Tonnen. Somit verbraucht jeder Bundesbürger im Durchschnitt 3,65 t Kies und Sand im Jahr.

Bei der Produktion von Gesteinsbaustoffen hatte Kies 2001 einen Anteil von 53,5 % (s. Grafik). Die Prognose für das Jahr 2010 besagt, dass der Verbrauch von Gesteinsbaustoffen insgesamt auf 700 Millionen Tonnen anwächst. Davon sind 364 Millionen Tonnen Kies und Sand.

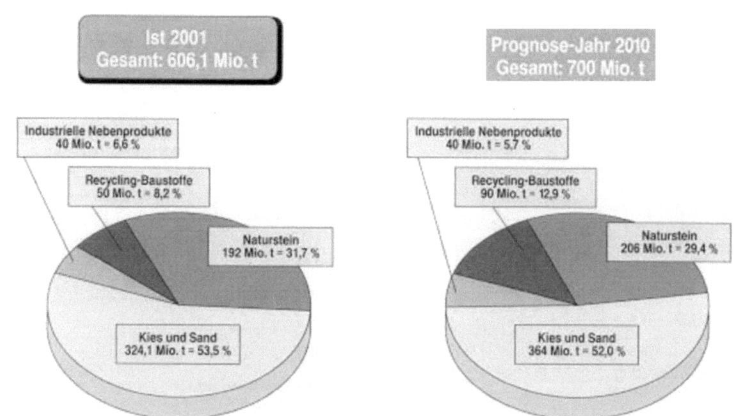

Abbildung 3: Produktion von Gesteinsbaustoffen 2001[6]

Anzumerken ist, dass der Bedarf von Kies und Sand wegen der schlechten Wirtschaftslage in den letzten Jahren gesunken ist. In Zeiten einer florierenden Wirtschaft kann der Bedarf bis zu 400 Millionen Tonnen pro Jahr betragen.

---

[5] www.wikipedia.de (28.11.06)
[6] Enthalten in: www.sand-abc.de (06.12.06)

Die Kies- und Sandgewinnung bringt insgesamt mehr als eine Viertelmillion Arbeits-
plätze mit sich. Außerdem siedeln sich weiterverarbeitende Industrien in der Nähe zu
den benötigten Rohstoffen, also den Kiesgruben, an

3.2 Verwendung

Wie schon oben genannt, ist Kies ein sehr wichtiger Rohstoff. Er wird täglich
benötigt. Die größte Menge geht in das Bauwesen, insgesamt 95 %. Dort wird sie benutzt für:

→ die Herstellung von Beton (Beton besteht zu etwa 80 % aus Kies und Sand)

→ Pflastersteine, Gehwegplatten, Wanderwege

→ die Dämme auf denen Eisenbahnen oder Straßen verlaufen

→ den Straßenbau zur Herstellung von Asphalt und Beton

Ob öffentliche, gewerbliche oder private Bauten wie Wohnungen, Verwaltungs- und
Industriegebäude, Verkehrswege, Schulen, Krankenhäuser oder Sportstätten, nichts
könnte man bauen ohne dem Rohstoff Kies.

4 *Ökologische Betrachtung des Kiesabbaus*

4.1 Interessenkonflikt

Der Kiesabbau steht im „Kreuzfeuer von Ökonomie und Ökologie."[7] Kies hat eine sehr große wirtschaftliche Bedeutung und einen großen Stellenwert. Jeder von uns braucht diesen Rohstoff (s. S. 6 - 7). Deshalb wird die Verwendung von Kies als Rohstoff grundsätzlich nicht in Frage gestellt.

Jedoch ist die Bevölkerung gegenüber dem Kiesabbau oft abgeneigt, da er die Umwelt sehr stark belastet. Es entsteht Lärm, Staub und ein erhöhter Lastwagenverkehr. Außerdem wird das Landschaftsbild völlig verändert. Es werden Berge abgetragen, in Wäldern tauchen hässliche Wunden auf oder es entstehen Seen. Somit geht ein Stück Kulturland verloren.

Diesen Interessenkonflikt versucht man zu lösen, indem man, bevor ein Kieswerk überhaupt entsteht, verschiedene Prüfungen durchführt.

- Es wird geschaut, ob nicht andere Interessen überwiegen und gegen einen Abbau sprechen. Zum Beispiel könnten dies der Grundwasserschutz, Naturschutz, Schutz der Trinkwasservorkommen oder der Schutz bedeutender eventuell vom Aussterben bedrohte Tiere sein.
- Danach wird geprüft, ob überhaupt ein Bedarf an Kies besteht und das Kieswerk diesen Rohstoff verkaufen kann. Dadurch wird verhindert, dass die Umwelt durch unnötige Kiesgrubenbauten beschädigt wird. Außerdem besteht durch weniger Kiesabbau die Möglichkeit, dass verwertbare Baustoffe vermehrt recycelt werden.

4.2 Rekultivierung

Nach dem Abbau von Kies, oft auch schon währenddessen, wird die in Anspruch genommene Fläche sorgfältig und vollständig rekultiviert und dem Menschen und der Natur zurückgegeben. Die Gebiete werden wiederhergestellt, entweder für den Naturschutz, für die ursprüngliche Funktion in Land- und Forstwirtschaft oder für die Erholung und der Freizeitgestaltung der Menschen.

---

[7] www.sand-abc.de (06.12.06)

4.2.1 Wiederherstellung der Forstwirtschaft

Die Rekultivierung im Tettnanger Wald ist wegen ihrer Sorgfältigkeit „weit über dem Bodenseekreis hinaus bekannt"[8]. Dort wird nach einem Abbau in einem bestimmten Gebiet, zuerst „unbelastete und gut durchgewurzelte"[4] Erde als Ausgleich eingebracht. Der zwischengelagerte Mutterboden wird ebenfalls, nachdem er aufgelockert wurde, eingebaut. Danach werden verschieden Baumarten gepflanzt. Man benutzt heimische Bäume wie Kiefer, Birke, Winterlinde, Rotbuche, Wildkirsche und Eiche. Um die jungen Bäume vor Wildverbiss zu schützen, werden sie für fünf Jahre eingezäunt. Die Aufforstung und die Pflege (Düngung, Ausmähen, Nachsetzen) der Pflanzen übernimmt das Forstamt. Die Kosten trägt jedoch das Kieswerk

Abbildung 4: Rekultivierung im Tettnanger Wald[9]

4.2.2 Folgenutzung Naherholung und Freizeit

Die Bevölkerung hat Bedürfnis nach Erholung und Freizeitgestaltung. Deshalb sind viele ehemalige Kiesgruben heute Gebiete für Erholung und Freizeitgestaltung. Baggerseen sieht man immer häufiger und sind beliebte Ausflugsziele, vor allem in der Nähe von großen Städten. Sie entstanden durch Fluten von Kiesgruppen. Man kann in diesen baden, segeln, surfen, angeln, tauchen und vieles mehr. Auch Parkplätze, sanitäre Einrichtungen, Wasserwacht, Grill- und Picknickmöglichkeiten sowie FKK-Bereiche sind an immer mehr Seen vorhanden. Aber auch skurrile Dinge, wie Motorradrennen oder Golfplätze und Reit- und Campinganlangen können aus ehemaligen Kiesgruben entstehen. Um ein Beispiel aus der Region zu nennen, greife ich zurück auf das oben genannte Beispiel des einstigen Kiesabbaus in Langenargen an

---

[8] www.brielmaier-kieswerk.de/resources/sites/kieswerk.html (27.11.06)
[9] Enthalten in: www.brielmaier-kieswerk.de/resources/sites/kieswerk.html (27.11.06)

der Argenmündung (s. S. 5): Hier wurde aus den Baggerlöchern ein Freizeitort, indem dort die größten Sportboothäfen am Bodensee entstanden.

Zu beiden Seiten der Argenmündung waren die beiden Baggerlöcher, aus denen Kies gewonnen wurde.

Abbildung 5: Argenmündung früher[10]

Heute beherbergen die Baggerlöcher die größten Sportboothäfen am Bodensee.

Abbildung 6: Argenmündung heute[11]

4.2.3 Neue Lebensräume für Pflanzen und Tiere

Abgrabungen können auch „Chancen für die Natur"[12] bedeuten, denn indem man Abgrabungsstätten nach ihrer Nutzung der Natur überlassen hat sind schon viele „hochwertige Naturschutzgebiete oder äußert wertvolle Biotope für schützenswerte

---

[10] Enthalten in: Franz Thorbecke und Jürgen Resch; Bodensee – Im Wandel der Zeit; Stadler Verlagsgesellschaft; Konstanz 2004
[11] Ebenda
[12] www.sand-abc.de (06.12.06)

Tier- und Pflanzenarten"[13] entstanden. Unter den eingenisteten Tieren sind manchmal auch bedrohte Tierarten.

Das folgende Beispiel einer Renaturierung hat den Deutschen Wiederherrichtungspreis des Bundesverbands der Deutschen Kies- und Sandindustrie gewonnen: In Flusswindungen im Überschwemmungsgebiet des Oberrheins liegt der Baggersee Ochsenanger. Anfang des letzten Jahrhunderts wurde „dieser Flussabschnitt weitgehend begradigt und eingedämmt"[14], damit ging die natürliche Auenlandschaft verloren. Zwischen 1982 und 2002 wurde dort Kies abgebaut. Schon während dem Abbau wurden wirkungsvolle Maßnahmen ergriffen, um wieder eine natürliche Landschaft zu erschaffen. Bereiche mit Hecken, Gehölzen und Baumbestand wurden vom Abbau verschont. Um Inselketten entstehen zu lassen, wurde beim Rückbau von Zwischendämmen auf Kiesgewinnung verzichtet. Vorhandene Gewässer blieben mit ihren Gehölzen am Rand unberührt. Und bei der Anschüttung von Abraummaterial hat man gezielt auentypische Strukturen entstehen lassen.

Heute gibt es am dortigen Ufer „wechselnde Böschungsneigungen, Flachwasserbereiche, Steilufern mit Abbruchkanten"[15] und Inseln. Viele verschiedene Tierarten leben in dem Gebiet, das durch die Strukturvielfalt und der Einschränkung von Freizeitnutzungen (baden, campen, picknicken) eine optimale Lebensbedingung für die Tiere ist.

Abbildung 7: Beispiele der Rekultivierung[16]

---

[13] www.bks-info.de (06.12.06)
[14] www.sand-abc.de (06.12.06)
[15] Ebenda
[16] Enthalten in: Ebenda

5 *Literaturverzeichnis*

- Dr. Andreas und Heidi Megerle; Meine Reise mit dem Gletscher; in Kommission Kultur der Internationalen Bodenseekonferenz (Hrsg.); Feuer Eis und Wasser; S. 14 – 16

- Franz Thorbecke und Jürgen Resch; Bodensee – Im Wandel der Zeit; Stadler Verlagsgesellschaft; Konstanz 2004

- www.bks-info.de (06.12.06)

- www.brielmaier-kieswerk.de/resources/sites/kieswerk.html (27.11.06)

- www.geographischerundschau.de/aktuell_inhalt-aktuelles-heft.php?bestellnr=51000600 (03.12.06)

- www.pg.bc.bw.schule.de/neu/extern/semkurs/Saulgau.html (03.12.06)

- www.sand-abc.de (06.12.06)

- www.stuckies.ch/kieswerk/kiesabbau.htm (28.11.06)

- www.wikipedia.de (28.11.06)